主编：潘英丽
编绘：沙丁猫文化

幼儿十万个为什么

哺乳动物

美绘版

四川少年儿童出版社

图书在版编目（CIP）数据

哺乳动物 / 潘英丽主编 ； 沙丁猫文化编绘． -- 成都 ： 四川少年儿童出版社， 2015.7（2016.4 重印）
（幼儿十万个为什么）
ISBN 978-7-5365-7013-9

Ⅰ． ①哺… Ⅱ． ①潘… ②沙… Ⅲ． ①哺乳动物纲—儿童读物 Ⅳ． ① Q959.8-49

中国版本图书馆 CIP 数据核字 (2015) 第 151820 号

出 版 人：常　青
项目统筹：高海潮
责任编辑：隋权玲
美术编辑：刘晓婷
责任印制：王　春　袁学团

YOU' ER SHI WAN GE WEISHENME BURU DONGWU
书　　名：幼儿十万个为什么・哺乳动物
主　　编：潘英丽
编　　绘：沙丁猫文化
出　　版：四川少年儿童出版社
地　　址：成都市槐树街 2 号
网　　址：http://www.sccph.com.cn
网　　店：http://scsnetcbs.tmall.com
经　　销：新华书店
印　　刷：河北锐文印刷有限公司
成品尺寸：240mm×190mm
开　　本：12
印　　张：8
字　　数：160 千
版　　次：2015 年 8 月第 1 版
印　　次：2016 年 4 月第 3 次印刷
书　　号：ISBN 978-7-5365-7013-9
定　　价：19.80 元

目录

身边的哺乳动物

草原和沙漠上的哺乳动物

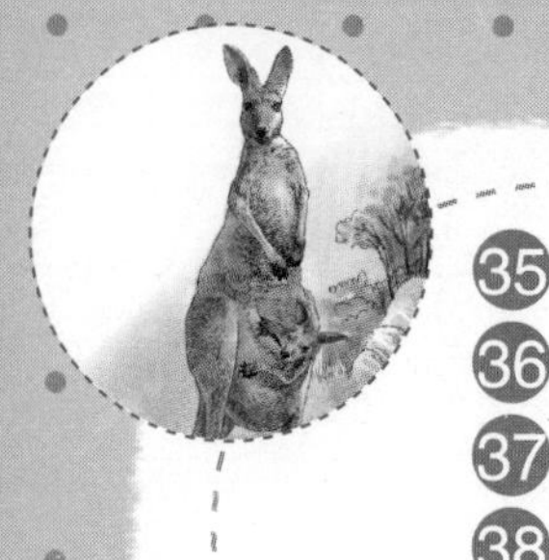

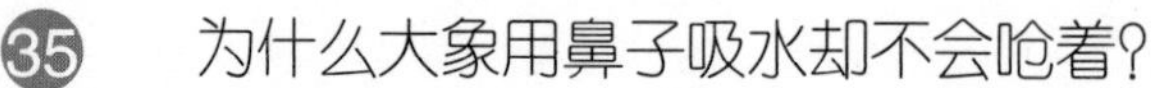

森林和高山哺乳动物

目录

什么是哺乳动物？

哺乳动物是脊椎动物中最高等的一类，它的成员有很多，有的善于在陆地上奔跑，有的善于游泳，有的善于攀爬，有的甚至能够在空中飞翔。

哺乳动物都是温血动物，体温不受外界环境的影响。即使在非常寒冷的条件下，它们的体温也能保持恒定，而体表的毛发和皮下脂肪是帮助它们维持体温的大功臣。

哺乳动物的身体可以分为头、颈、躯干、四肢和尾五个部分，体腔分为胸腔和腹腔两部分，智力和感觉系统都比较发达。

除极少数哺乳动物，如鸭嘴兽和针鼹(yǎn)为卵生外，大多数哺乳动物都是胎生，并用乳汁来哺育后代。人类也是哺乳动物的一员。

猫为什么从高处跳下不会摔伤？

“小猫从墙上摔下来啦！”美美惊呼道。“不用担心！猫有完善的平衡系统，控制身体的能力也很强。从高处落下时，即使四脚朝天，猫也能迅速调整成四脚朝地。下落过程中，猫的身体呈降落伞状。接近地面时，前肢已做好着陆的准备。此外，猫脚趾上的肉垫、腹腔中的大网膜和内脏间的脂肪，都能有效防止身体受伤。”奶奶说。

小贴士

猫的脚底有很厚的肉垫，这种肉垫既柔软又有弹性。当猫从高处落下的时候，脚底的肉垫可以帮助它减缓冲撞。

猫的眼睛为什么自天有一条缝，晚上有小圆球？

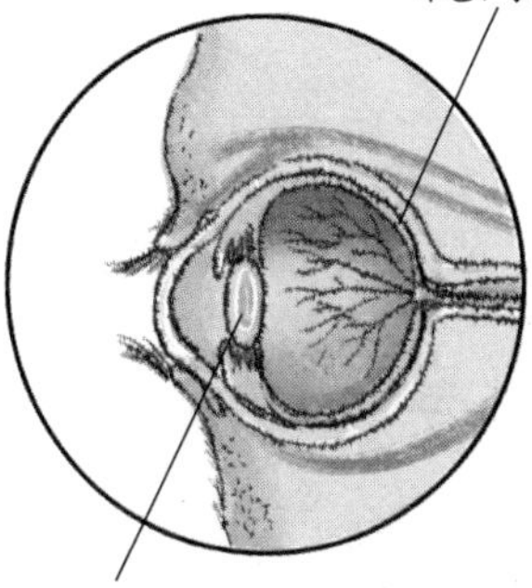

“为什么猫咪的眼睛昨天晚上还又圆又亮，现在却成一条缝了呢？”巧巧问。妈妈说：“猫的眼睛就像照相机的镜头一样，它可以根据光线的强弱调节瞳（tóng）孔的大小。光线强时，猫的瞳孔就变成一条线，减少进光量，防止光线刺眼；光线弱时，它就放大瞳孔，增加进光量，这样，晚上看东西就很清楚了。”

视网膜

瞳孔

小贴士

虽然白天猫的视力不如人类的好，但猫的夜视能力相当于人类的6倍。如此出色的夜视能力，要归功于猫眼视网膜上的那层蓝绿色如荧光一般的薄膜。

猫为什么长得和老虎那么像？

爸爸从奶奶家带回来一只小猫。东东惊讶地问道："这只小猫怎么长得那么像老虎呀？"一旁的爸爸笑着解释说："因为它们是血缘关系很近的'亲戚'呀！猫咪和老虎都是哺乳纲中的猫科动物，你看，它们穿的'衣服'上的花纹都差不多呢，而且它们都是食肉动物。"

小贴士

猫科动物是哺乳动物中凶猛的肉食者。大多数猫科动物捕食都很讲究策略：匍匐（pú fú）着身子，贴近地面，静悄悄地接近猎物，然后发动突然袭击，一跃而起，猛扑过去，用锐利的爪子和锋利的牙齿给猎物致命一击。

猫为什么爱吃老鼠和鱼？

涛涛问爸爸：“为什么猫咪爱吃老鼠和鱼呢？”爸爸告诉他：“猫是夜间活动的动物，为了能让眼睛更加明亮，在黑暗中看得更清楚，它们需要一种叫牛磺(huáng)酸的物质。如果猫的体内长期缺乏这种物质，夜视能力将会下降。但猫的体内又不能合成牛磺酸，只能从食物中获取。正好鱼和老鼠的体内含有大量的牛磺酸，所以猫咪就形成了爱吃老鼠和鱼的食性。”

小贴士

为了生存，猫练就了高超的捕鼠技能。如今城市里的宠物猫，不用捕鼠也能生存，但它们的夜视能力却不断下降，捕鼠本领也一代不如一代了。

为什么警犬能帮助警察叔叔抓坏人？

“警犬有什么特殊的本领吗？它为什么能帮警察叔叔抓坏人？”航航问妈妈。妈妈笑道：“警犬能帮助警察叔叔抓坏人是因为警犬的身体结构比较适宜：警犬的大脑很发达，它们还有敏锐的嗅觉、听觉和视觉，再加上它们生性凶猛、善于奔跑，经过训练后，警犬就能帮助警察叔叔抓坏人了。”

小贴士

警察叔叔抓坏人时，通常会让警犬闻闻坏人留下的东西，或者是闻闻坏人的脚印等痕迹，警犬能根据这些气味去追寻坏人的踪迹，最终把坏人捉住。

天热的时候狗为什么爱伸舌头？

宁宁见爸爸养的狗盯着自己的西瓜，一直伸着舌头流口水，就问：“你也想吃西瓜吗？”爸爸笑道：“狗伸舌头是因为天气太热了。狗是恒温的哺乳动物，但它们长着厚厚皮毛的体表没有汗腺（xiàn），不能像我们人一样通过出汗散热。狗的舌头上分布着汗腺，感到热时，它们就伸出舌头来散热，以维持体温的恒定。”

小贴士

你知道吗？有些我们人喜欢的食物是不适合狗吃的，比如巧克力，其中含有的可可碱会使狗中毒，甚至死亡。我们爱吃的咖喱饭、宫保鸡丁等辛辣、刺激性的食物也不适合给狗吃，因为刺激性的食物会破坏狗的嗅觉。

为什么家里来了陌生人，狗会狂叫？

明明好奇地问爸爸："为什么狗会冲着陌生人叫个不停呢？"爸爸说："这是狗的本能反应。狗的祖先是狼。成群生活在野外的狼，有很强的领地意识，不允许外人进入自己的领地。后来，狼被人类驯化成了狗，但仍保留着这种领地意识。狗把我们看作朋友，但陌生人在它眼里就是入侵者。所以当有陌生人接近时，它就会大叫发出警示。"

小贴士

在很早很早以前，犬科动物和猫科动物曾经有共同的祖先，都生活在森林里。那时候的犬科动物还会爬树呢！后来，为了扩大捕食的范围，犬科动物开始向森林外发展，并逐渐进化成了我们今天看到的模样——长长的尖耳朵、细长的腿，嗅觉灵敏。

狗为什么喜欢到处小便？

看见随处小便的狗，苗苗埋怨道："不讲卫生的臭狗狗！"爸爸耐心地告诉她："狗到处小便，是在用自己的尿液做标记，抢占地盘。尿液挥发出的气味会警告其他的狗离它的地盘远点儿，它才是这里的主人。"

小贴士

狗是人类的好朋友，很多人家喜欢养宠物狗。作为狗的主人，我们一定要照顾好自己养的狗。带狗外出时，要随身携带小铲子、塑料袋或宠物尿布，这样狗在外大小便时，我们就可以及时清理狗的排泄物，避免污染环境。

狗和人类那么亲近，为什么还会咬伤人？

听说邻居家的小朋友被狗咬伤了，瓜瓜感到难以置信：“狗是人类的好朋友，为什么还会咬人？”妈妈说：“绝大多数被人类驯化的狗，它们平时不会袭击人类。但它们仍残存着动物的野性。当感到自己陷入危险或是受到了外界的某种刺激时，它们便会一反常态，变得凶狠暴躁，甚至袭击人类。”

小贴士

不小心被狗咬伤的话，如无法及时就医，应迅速用大量肥皂水清洗伤口，然后尽快去医院，请医生帮忙处理伤口并注射狂犬疫苗和破伤风疫苗。

狗为什么爱啃骨头？

“狗为什么爱啃骨头？”小雪问。“狗是由狼驯化而来的。狼吃完肉后会将骨头带回洞穴啃咬，狗还保留着这一习性。狗啃骨头，是在吃骨头上残留的肉屑。同时，啃骨头对狗的生存也很重要：啃咬骨头可以清除牙石，防止牙周病；可以训练口部咬合力，有助于捕杀猎物；还可以吸收骨头中的钙，强健身体。”妈妈回答道。

小贴士

狗喜欢吃肉，是因为它们的胃很大，而肠子却很短，容易消化肉类食物，却不容易消化像树叶、草等富含纤维素的食物。

猪为什么那么爱睡觉？

“猪怎么那么懒呀，总是在睡觉！”佳佳说。爸爸笑着说：“猪爱睡觉，是因为在它们的脑袋里，有一种叫作内啡肽(fēi tài)的物质，这种物质具有麻醉作用，总是在它们的脑袋里捣蛋，而且这种物质在猪脑中的含量比在其他动物脑中的含量高。所以，猪特别爱睡觉。”

小贴士

野猪最早是在中国被驯化的，家猪是野猪被人类驯化后的一种家畜。而人类畜养家猪的历史相当悠久，现在全世界的家猪品种已达数百种。

猪为什么在泥里打滚？

看见胖乎乎的猪在脏兮兮的泥浆里打滚，莉莉撇着嘴说："猪真不讲卫生，怎么在泥里打滚呢？"爸爸笑着告诉她："因为猪的汗腺不发达，所以特别怕热。天气一热，猪就喜欢在泥浆里打滚。它们用这种方式来给自己的身体散热降温。"

小贴士

猪还喜欢在泥土里乱拱，依靠鼻子在泥土里拱来拱去找吃的。虽然如今家养的猪已经有人喂养，不需要用鼻子拱泥土找吃的，但猪仍保留着这一习性。

猪真的不聪明吗？

“大家都说笨猪笨猪，猪真的很笨吗？”小樱疑惑地问爸爸。爸爸告诉她：“其实猪很聪明的！经过训练后的猪，不仅会跳舞、打鼓、拉车，还能替它们的主人开锁、关门、掌管钥匙。有人还专门把猪当作宠物来养呢！”

小贴士

猪的嗅觉很灵敏。利用这一特性，农民训练它们寻找埋藏在地下的食物，警察甚至训练它们寻找毒品！

为什么马总是站着睡觉呢？

球球问爸爸：“爸爸，马总是站着睡觉，它不累吗？”爸爸说：“马是由野马驯化而来的。很久以前，善良的野马总会受到那些凶猛野兽的追捕。为了能在野兽袭来时及时地逃跑，它们就养成了站着睡觉的习惯。我们今天看到的马虽然已经被人类驯养了很长时间，但站着睡觉这一习性却被保留了下来。”

小贴士

除了马，驴子和长颈鹿也是站着睡觉的。马的睡眠时间很短，一般每天就睡三四个小时。长颈鹿的睡眠时间更短，经常少于2小时，最短时一晚上只需要熟睡15分钟。

奶牛每天都能产奶吗？

彤彤舔舔嘴巴问：“奶牛妈妈每天都要产奶，一定很辛苦吧？”妈妈笑道：“奶牛可不是每天都能产奶的。奶牛妈妈产奶是为了哺育小牛。生完小牛后，奶牛妈妈的产奶量会不断提高，一直到每日产出25～60升，然后不断下降。到下一头小牛出生后，奶牛妈妈的产奶量又会逐渐提高。

不过,奶牛过了生育年龄后，
就不能再产奶了。”

小贴士

并不是所有的奶牛都能产奶，只有那些刚生完牛宝宝的奶牛才能产奶。而且为了让奶牛的乳房得到必要的休息，奶牛在生产小牛60天前就不再被挤奶了。

牛为什么总在嚼啊嚼地吃东西？

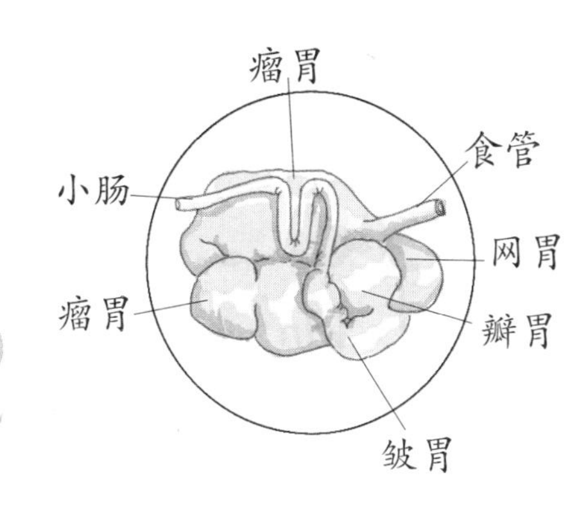

蓉蓉问爷爷："牛的嘴巴为什么总是在动？它在吃什么呢？""这是牛在反刍(chú)。牛的祖先生活在草原上，为躲避肉食动物的猎杀，它们总是尽可能地在最短的时间内吃最多的草，常常不经过充分咀嚼(jǔ jué)就匆匆咽下，存入瘤(liú)胃，并在瘤胃里浸泡和软化。等到休息时再将这些食物呕回口腔中仔细咀嚼。所以，牛的嘴巴总是在嚼(jiáo)啊嚼。"爷爷回答道。

小贴士

同属于牛科动物的羊也像牛一样反刍，它们也总是嚼啊嚼的。骆驼也是反刍动物，不同的是，牛和羊有四个胃，骆驼只有三个。

为什么小山羊也长胡子？

君君问放羊的老爷爷："为什么这么小的山羊也和老山羊一样长胡子了呢？"老爷爷笑眯眯地说："那可不是山羊的胡子，它是山羊身上普通的毛发。山羊长期生长在山区，经常在树林、杂草、灌木丛中寻找食物，为了保护下颌(hé)皮肤不被伤害，就进化出了这些顺直的毛发。你看，连母山羊的下巴上也长着'胡子'呢！"

小贴士

绵羊和山羊不同，绵羊身上浓密的羊毛很容易挂到树枝或灌木上，所以它们更适合在平原、草地上生活。在没有树林和灌木的草原上，绵羊可以轻松地吃草，并不需要山羊那样可以保护下颌皮肤的毛发。

羊为什么吃草？

峰峰将手中的香肠递到羊的嘴边说："小羊，来吃点儿肉吧，挑食会生病的！"一旁的奶奶笑道："羊是食草动物，它的盲肠和阑(lán)尾又粗又长，很适合消化草中的纤维，却不适合消化肉类食物。而且羊的牙齿只能用来撕碎草，就算你把一整块肉都给它，它也无从下口的。"

小贴士

和山羊一样，绵羊也是被人类驯养的动物之一。绵羊是世界上数量最多的羊的品种，总数超过10亿只了呢 。

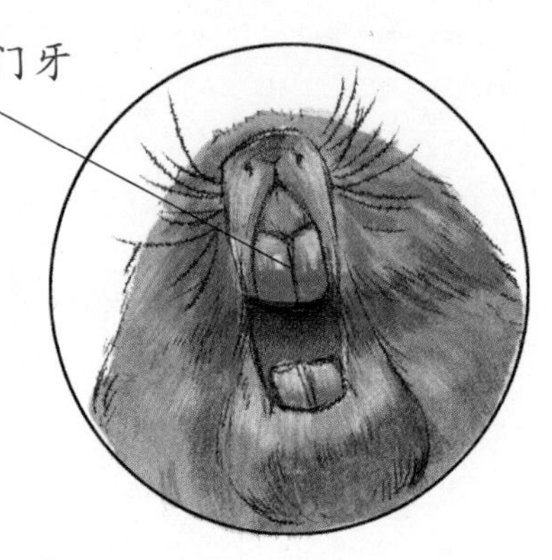

老鼠为什么爱啃东西？

“老鼠怎么总是咯吱咯吱啃个不停？”媛媛不解地问。妈妈说：“因为老鼠的门牙会不断地生长，而且生长速度很快，一个星期就能长几毫米。如果任由它长下去，老鼠的嘴巴就闭不上了，它们就会因无法进食而饿死。不仅如此，门牙过长，甚至会刺穿它们的下颚(è)，那就更危险了！所以老鼠必须不停地啃东西，不断地磨短自己的门牙。”

小贴士

老鼠是啮齿动物，这类动物大多长着持续生长的门牙。除老鼠外，常见的啮齿动物还有松鼠、豪猪、河狸、仓鼠、豚鼠、美洲旱獭（tǎ）等。

动物奇观

下图中的动物分别有哪些特别的爱好呢？请小朋友说一说吧！

温馨提示：①猫爱吃鱼和老鼠，②狗爱啃骨头，③猪喜欢在泥里打滚，④老鼠爱啃东西，⑤羊吃草，⑥马站着睡觉。

为什么非洲草原的动物每年都要大迁徙？

东非野生动物大迁徙，是动物世界中颇受人类瞩目的一大盛事。

每年7月，随着旱季的来临，数以百万计的斑马、角马等草原野生动物，会逐水草而行，不远千里从一个地方迁徙到另一个地方。

随着季节的转换，旱季来临，非洲草原上的植被会从繁茂变得干枯，连水都变得非常稀少。为了寻找充足的食物和水源，世界上最大的野生动物群落只得冒险迁徙。

在这段上千千米长的迁徙旅程中，食草动物们不仅要穿越狮子、豹等食肉动物出没的草原，还要跨越鳄鱼、河马等水中猛兽生活的河流。

日夜奔波而且经常受到食肉动物的偷袭，大批迁徙动物会死在路上，但同时也会有大量新生命在迁徙路上出生。

长颈鹿的脖子为什么那么长？

乐乐很好奇长颈鹿的脖子为什么那么长。爸爸告诉他："很久以前，长颈鹿的脖子并不长。后来，由于自然环境和气候的变化，长颈鹿生活的地方变得炎热干旱，地面上的植物越来越少，长颈鹿不得不伸长了脖子够高高的树叶吃。经过长期的进化和自然选择，长颈鹿的脖子越来越长，逐渐长成了现在的样子。"

小贴士

由于个子太高，长颈鹿喝水时，必须把前腿叉开或者跪在地上，这样才能使头部碰到水面。并且长颈鹿每喝一次水，都要站起来休息一下。

犀牛身上蹦来蹦去的黑色小鸟是在干什么？

“那些鸟在犀牛身上蹦来蹦去的，是在干什么？”点点好奇地问。妈妈说：“它们正在为犀牛打扫卫生呢！犀牛的皮肤非常硬，但有很多褶(zhě)皱，褶皱里的皮肤又薄又嫩，一些寄生虫特别喜欢钻到这些地方叮咬，吸犀牛的血。而这些站在犀牛身上的鸟刚好能帮犀牛吃掉那些寄生虫。它们是互利共生的好朋友。”

小贴士

犀牛身上的小鸟叫牛椋（liáng）鸟。犀牛的嗅觉和听觉虽好，但视力却很差。如果敌人从逆风方向偷袭，犀牛往往察觉不到。这时，牛椋鸟就会迅速飞起并大叫，向犀牛发出警报。

斑马身上为什么长着奇怪的条纹？

“斑马身上的条纹是谁给它们画上去的？”小艾问妈妈。“那是天生的呀！斑马的自卫和御敌能力比较弱，经常遭到食肉动物的捕猎，这些黑白条纹就像‘迷彩服’，能帮助斑马迷惑敌人、保护自己。在阳光或月光下，黑白两色吸收和反射光线的程度不同，能破坏和分散斑马身形的轮廓（kuò），使斑马不易暴露。”妈妈说。

小贴士

每一匹斑马身上的条纹都是不一样的，它们在小斑马还没出生时就形成了，比如脖子上的条纹是小斑马在妈妈肚子里 7 周的时候形成的，而鼻子上的条纹是 5 周左右的时候形成的。斑马身上的条纹是它们辨别同伴的标记。

河马为什么喜欢泡在水里？

“河马去哪里了？”青青望着水潭问。妈妈说：“它们躲在水里呢。河马喜欢泡在水里，因为水的浮力能让肥胖的河马行动更方便。生长在热带的河马，皮肤光滑、厚实，离开水时间长了会干裂；此外，泡在水里还有助于身体散热。所以河马特别喜欢泡在水里。”

小贴士

河马的皮肤上没有汗腺，需要长期泡在水里以降低体温。河马来到陆地上时，为了防止皮肤干裂，河马的皮肤会分泌出一种红色的液体，看起来就好像在流血一样。

大象的鼻子为什么那么长？

妙妙说："大象的鼻子怎么那么长？"爸爸说："很久以前，大象并不高大，鼻子又短又粗。后来，气候变暖，植物生长快，食物丰富，大象食量变大，身体也变壮变高。为了吃到高处和地面的东西，大象的上唇渐渐变长，鼻子也变长，久而久之，鼻子和上唇合二为一，成了圆筒状的长鼻子。除了呼吸和闻东西外，大象的长鼻子还可以卷取食物、喝水、冲澡等。"

小贴士

大象两天的粪便就足够把一个成年人埋住。所以，千万别站在大象屁股那儿，以防突如其来的粪便把你埋了。大象的粪便可以做燃料，也可以造纸。

为什么大象用鼻子吸水却不会呛着？

“我看大象会用鼻子吸水，它们不怕呛着吗？”翔翔问爸爸。爸爸说：“大象鼻子可以闻气味，可以吸水、喷水，还可以卷食物或其他东西，几乎无所不能。象鼻子的气管虽然与食道相通，但鼻腔后面的食道上方有一块软骨，当象用鼻子吸水进入鼻腔时，软骨就将气管口盖起来，水不会进入肺里，所以也就不会呛着了。”

小贴士

大象体表没有像长颈鹿那样的毛发，很容易生皮肤病，所以它们必须经常洗澡或泥浴，让自己干干净净的。小朋友们也要向大象学习，勤洗澡哟！

大象真的害怕老鼠钻进自己的鼻子里吗?

拉拉问："妈妈，大象真的怕老鼠钻进自己的鼻子吗？"妈妈说："这都是谣传！大象那么大，它们怎么会在意那么小的一只老鼠呢！如果老鼠自己不小心，倒是很有可能被大象踩得粉碎。就算老鼠钻进了大象的鼻孔里，只要大象使劲儿打个喷嚏(tì)，老鼠就会被喷出好几米远呢！"

小贴士

大象长着一对大耳朵是为了散热。大象的两个大耳朵就像一对散热器，平时总是一扇一扇的，这样能把多余的热量散发掉。

大象很强大，为什么还需要我们保护？

玲玲问妈妈：“为什么大象那么强大还需要我们的保护呢？”妈妈说：“再强大的大象也强不过人类的武器。贪婪(lán)的偷猎者们为了得到珍贵的象牙，杀害大象，使小象从小就失去了亲人。此外，人类过度砍伐森林，破坏了大象生活的家园，使得它们无家可归。所以世界各国才严禁偷猎。我们应该保护森林，保护大象和其他濒(bīn)危动物。”

小贴士

大象的生育周期较长，因此非常容易绝种。因为人类的过度猎杀，大象正面临绝种的危险。世界各国为保护大象纷纷立法禁止象牙交易。

雄狮为什么整天都懒洋洋的？

泉泉说："雄狮怎么一直趴在那里？它好懒呀！"爸爸笑着说："雄狮一天中的绝大多数时间都在休息和睡觉。它们的主要任务是保护自己的领地，守护家人，抵御外敌入侵。别看它们整天都懒洋洋的，其实它们是在养精蓄锐，一旦有其他凶猛的动物侵入，它们就会精神饱满地与敌人战斗。"

小贴士

当雄狮保护领地时，捕猎的重任就落在了雌狮的身上。雌狮没有雄狮那样漂亮的毛发，所以更容易隐藏在草丛中突袭羚羊、斑马等猎物。

袋鼠肚子上的口袋是做什么用的？

慧慧好奇地问妈妈：“袋鼠妈妈的肚子上怎么会有一个口袋呢？”“那是袋鼠妈妈的‘育儿袋’。出生后的袋鼠宝宝还没有发育完全，需要在妈妈的育儿袋中吃奶、成长。直到被袋鼠妈妈哺育成熟，小袋鼠才离开妈妈的育儿袋。这种独特的身体结构，是袋鼠为了保护后代进化而成的。”妈妈回答说。

小贴士

小袋鼠在妈妈的育儿袋里长到五个月大时，偶尔会调皮地探出头来。有时候，小袋鼠也会在育儿袋中拉屉屉、撒尿，袋鼠妈妈就会用舌头来“打扫”育儿袋的卫生。真是尽职尽责的好妈妈啊！

为什么袋鼠很爱打架？

看见两只像拳击手一样的袋鼠在打架，昭昭急忙说："看！那两只袋鼠打起来了！"妈妈指着旁边一只观战的袋鼠说："看到那只袋鼠小姐了吗？这两位袋鼠先生为了争夺心爱的袋鼠小姐才大打出手的！有时候，袋鼠也会为了争夺地盘而打架。"

小贴士

以打架的方式来争夺配偶及地盘的动物可不止袋鼠。雄海豹之间为了争夺雌海豹，会用牙齿相互撕咬；雄象之间为了争夺雌象，会以象牙为武器攻击对方。

袋鼠的尾巴有什么用？

爸爸说：“袋鼠的尾巴肌肉发达，又粗又长，不仅在打架的时候能用来支撑身体，还有很多其他用处呢！”“还有什么作用呀？”舟舟好奇地问道。“休息的时候，袋鼠可以用尾巴支撑身体；跳跃的时候，尾巴可以帮助身体保持平衡；一旦遇到紧急情况，尾巴还能帮助袋鼠跳出十几米远呢！”

小贴士

袋鼠是动物世界里的跳高和跳远冠军。以跳跃为主要运动方式的袋鼠一跳最高可达4米，最远可以跳出13米呢。

树袋熊是熊吗？

莎莎问老师："生活在澳大利亚的树袋熊是熊吗？"老师笑着回答道："树袋熊虽然名字里有'熊'字，但它们和熊并不相同，只因为它们的相貌与熊有些相似，才有了'树袋熊'的名字。在动物学上，树袋熊和熊分属于不同的家族，树袋熊属有袋目，树袋熊科，熊属食肉目，熊科。它们的食性也不同：树袋熊是动物中的'和尚'，专吃素，而熊是杂食性动物。"

小贴士

树袋熊也叫考拉。和袋鼠宝宝一样，刚出生的树袋熊宝宝也会待在妈妈的育儿袋中吃奶长大，而且要待将近一年才会离开。

树袋熊为什么整天抱着树干睡觉？

“树袋熊怎么不下来玩？”波波问爸爸。爸爸说：“树袋熊属夜行性动物，它们白天睡觉，到晚上才出来活动。它们特别喜欢吃桉树的叶子，但桉树叶中的营养物质比较少，树袋熊从桉树叶中获得的能量非常有限。为了生存，它们必须减少活动量以储存更多能量，所以，一天中的大部分时间树袋熊都在树上睡觉。”

小贴士

树袋熊的睡姿非常奇特。白天，它们喜欢在结实的树杈上，抱着树枝睡觉。睡觉时，两只大耳朵与头部一起垂下，但只要外界一有动静，它们的耳朵立马就会有所感觉，刹那间树袋熊就惊醒了。

兔子为什么长着长长的耳朵？

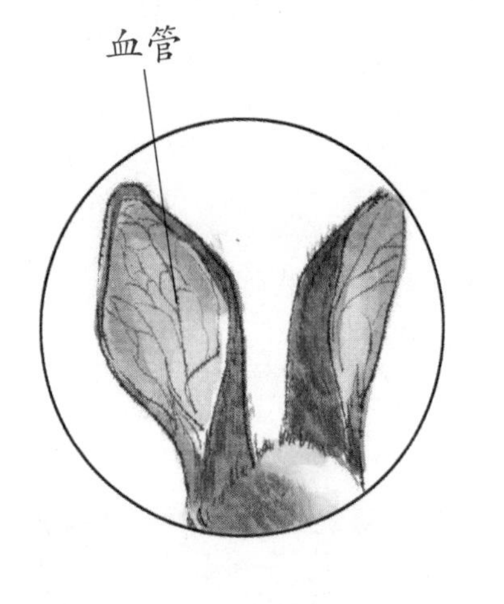

宝宝摸着小兔子说：“兔子的耳朵真长呀！”老师说：“它的用处可多了！长长的耳朵使兔子具有敏锐的听觉，即使非常微小的声音，兔子也能听到，以及时躲避敌害。此外，长耳朵还能帮助身体散热，兔子不会像人那样出汗散热，奔跑时它们竖起长耳朵，耳朵里有很多血管，风把血冷却后，较凉的血再流到身体各个部分，身体就凉快多了。”

小贴士

兔子的耳朵上有很多毛细血管与感知神经，所以捕捉兔子时，不要抓取它们的耳部，否则容易伤害兔子的耳朵。抓兔子时应该用手托住兔子的腹部或臀部，作为主要施力点。

兔子的眼睛都是红色的吗？

婷婷问爸爸："这只兔子的眼睛怎么不是红色的呢？"爸爸回答道："只有白兔的眼睛看上去是红色的，而灰兔的眼睛是灰色的，黑兔的眼睛是黑色的。身体中含有的色素决定了兔子皮毛和眼睛的颜色。白兔体内不含色素，所以眼睛是无色的。我们看到白兔眼睛中的红色其实是眼睛中血液的颜色。"

小贴士

家兔，不仅毛色各不相同，眼睛的颜色也不尽相同。不同体色的兔子眼睛颜色也不同。兔子眼睛的颜色有红色、天蓝色、茶褐色和黑色等。

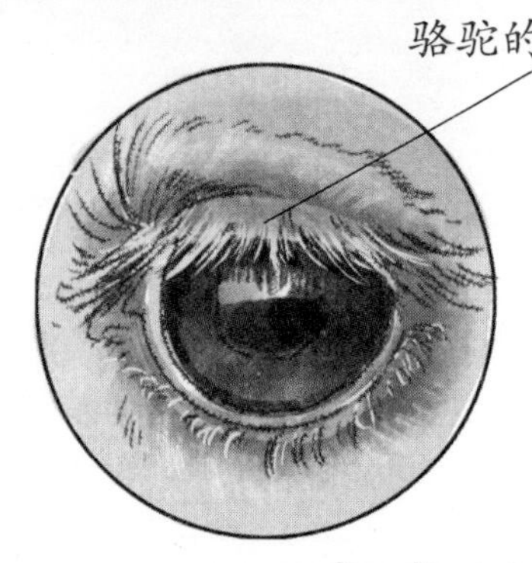

骆驼为什么不怕风沙？

成成问妈妈：“骆驼为什么不怕沙漠中的风沙呢？”妈妈说：“因为它们的鼻子和眼睫毛的构造比较特殊。骆驼的鼻孔里面长着一个叫瓣膜的小盖子，能够在刮起风沙的时候将鼻孔关闭，这样就不会受到风沙的影响了。骆驼双重门帘似的眼睫毛能将沙子挡住，沙子就不能眯住它们的眼睛了。”

小贴士

骆驼的耳朵里也有毛，能阻挡风沙进入。骆驼熟悉沙漠里的气候，当大风快袭来时，它们就会跪下。沙漠中的人们常常根据骆驼的这一习性预测沙尘暴。

骆驼为什么能适应沙漠里的生活？

肥大的脚掌

君君问奶奶："为什么我们很难在沙漠里生活，而骆驼能呢？"奶奶告诉他："骆驼的驼峰里储存着脂肪，在沙漠中找不到水和食物时，这些脂肪能分解成身体需要的营养、能量和水分。此外，骆驼的脚掌又肥又大，脚底厚厚的肉垫非常适合在沙子上行走。所以，即使在沙漠中不吃不喝地行走很多天，骆驼也可以存活。"

小贴士

为了适应沙漠的生活，骆驼进化出了很多特殊的生存技能。比如，骆驼又厚又长的皮毛不仅可以反射阳光，还能隔热；它们的嘴也很强壮，可以咀嚼多刺的沙漠植物。

为什么有的骆驼背着一座小山，有的背着两座？

虹虹好奇地问妈妈：“怎么这两只骆驼背上的‘小山’不一样呢？”妈妈告诉她：“骆驼分为两种：背上有一座‘小山’的，称为单峰驼；有两座‘小山’的，称为双峰驼。单峰驼适合在沙漠生活，而双峰驼更适合在寒冷环境中生活。因为双峰驼在冬天会长出长毛御寒，所以比单峰驼更耐寒，适应能力也更强。”

小贴士

骆驼吃饱后，驼峰又高又大，但一趟沙漠之旅后就变小了，这是因为里面的脂肪被一点点消耗了，驼峰也因此逐渐缩小。

动物奇观

下图中的哺乳动物有一个与其他几个生活的环境是不同的，你知道是哪个吗？

答案：⑥骆驼。

什么是食物链？

兔子吃草，狼吃兔子，老虎吃狼……这种因为吃和被吃而像链条一样联系在一起的关系，就叫作食物链。

在一条食物链中，只要其中一个环节出了问题，整个食物链都会受到影响，链条上所有的生物都会因此面临灾难。

狼吃的是小动物，如果狼被杀光了，吃草的小动物们就会越来越多，它们就会把植物吃光，这样环境就被破坏了，人类也会陷入生存危机。所以我们要爱护动植物，不人为地干预和破坏食物链。

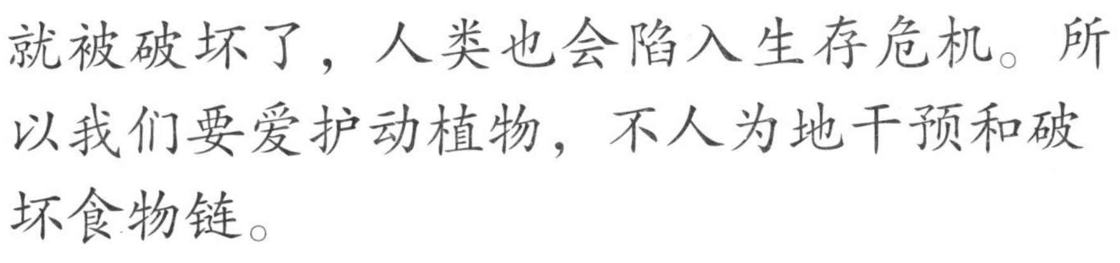

人和动植物一样，也是生存在地球上的成员。尊重地球上所有的生命，就是尊重人类自己。

老虎的头上为什么有"王"字？

"老虎的头上真的有个'王'字！"妞妞指着老虎说。"那不过是巧合而已！"妈妈笑道，"和老虎身上的黑色条纹一样，你看到的它们额头上的'王'字，其实是它们身体斑纹的一部分，只不过这斑纹的形状刚好跟我们的汉字'王'比较相像。"

小贴士

老虎的身上有黑色和棕色的条纹，这身皮毛可以让它们很好地与草丛背景融为一体，是很好的保护色。此外，每只虎的斑纹都不一样，类似于人类的指纹。

为什么狼的眼睛在夜里会放光?

小海问:“狼的眼睛在夜里怎么像宝石一样亮?”妈妈说:“狼的眼睛底部有很多会反射光线的晶点,就像一个个凸透镜一样。这些晶点能把周围微弱、分散的光线聚拢在一起,然后聚成一束光,再反射出去,看上去就好像是狼的眼睛在放光一样。”

小贴士

动物的眼睛在夜晚放光,并不只是反射了夜晚中极其微弱的可见光,同时还反射了人眼看不见的红外线,并使被反射的红外线变成了可见光。

狐狸真的很狡猾吗？

“狐狸为什么那么狡猾？”龙龙问爸爸。爸爸说：“狐狸是比较弱小的动物，所以它们必须要学会保护自己。比如，它们会抢占比自己更弱小的兔子的巢穴，因为兔子的巢穴有很多的出入口，便于敌人来袭时藏身和逃跑；它们还会设置陷阱来捕猎。这样做都是为了生存，和童话中描述的狡猾是不一样的。”

小贴士

狐狸大都栖息在森林、草原、半沙漠或丘陵地带，居住在树洞或土穴中。狐狸傍晚外出觅食，天明归穴。它们属杂食性动物。

梅花鹿的身上为什么有“梅花”？

可爱的梅花鹿引起了彤彤的兴趣：“爸爸，梅花鹿身上的梅花是谁给它们印上去的呀？”爸爸笑道：“梅花鹿身上的梅花呀，就像老虎、斑马和长颈鹿身上的花纹一样，是天生的，只不过梅花鹿身上斑点的形状比较像梅花而已，它们也因此得名。”

小贴士

梅花鹿身上的“梅花”会随着季节变化而变化。夏天的“梅花”比较明显，这样梅花鹿身上的斑点就像草丛中的小花一样，不容易被猎食者发现；而冬天的“梅花”比较暗淡，整体颜色较浅，有利于和冬天的环境融为一体。

松鼠为什么要在秋天储藏食物？

“那只松鼠跳来跳去的在干吗？”佳佳指着树上的松鼠问。“它们正忙着储存过冬的食物呢。因为寒冷的冬天里很难找到食物，为了冬天不挨饿，松鼠们在秋天到来时，就开始忙碌地采集果实，然后藏在树洞或埋在地里，为漫长的冬天做准备。”妈妈解释道。

小贴士

松鼠并不能全部吃完储藏的食物，有一半以上的种子类食物仍然埋在地里。到第二年春天，这些种子便会发芽，长成小树。

松鼠的大尾巴有什么用？

“松鼠的尾巴好大呀！它有什么用呢？”小爽问。“你看，松鼠蓬松的大尾巴像不像一把大大的降落伞？当它们从树上跳下时，经过尾巴缓冲就不至于摔伤了。当它们在野兽的追捕下逃跑时，大尾巴会伸得直直的，帮它们掌控方向。到了睡觉的时候，尾巴又成了暖和的被子，使它们暖暖和和地进入梦乡。”爸爸耐心地告诉他。

小贴士

松鼠没有冬眠的习性，但在寒冷的冬天，它们通常每天只外出活动几个小时，绝大多数时间都待在窝里不动，以保存能量，熬过漫长的冬天。

为什么刺猬会怕黄鼠狼？

放臭屁的黄鼠狼

“既然刺猬可以用坚硬的刺来保护自己，为什么还会怕黄鼠狼呢？”盈盈不解地问。妈妈说：“因为黄鼠狼有绝招，它们有放臭屁的本领，刺猬一闻到臭屁就昏了头，身体就自然舒展开，黄鼠狼就可以趁机美餐一顿了。”

小贴士

当刺猬发现某些有气味的植物时，它们会将这些植物嚼碎吐到自己的刺上，使自己拥有和周围环境相同的气味，以防止被天敌发觉。

莎莎问道：“穿山甲是怎么做到穿山时不受伤的呢？”爸爸说：“穿山甲全身披挂着深色的鳞(lín)片。这些鳞片就像房上的瓦片一样，一层一层地重叠着，看起来像一个大松球，能保护它们的身体不受伤害。它们的头部小而尖，像一个光滑的圆锥，可以减少阻力。有了这些有利的身体条件，穿山甲穿山当然就不会受伤了。”

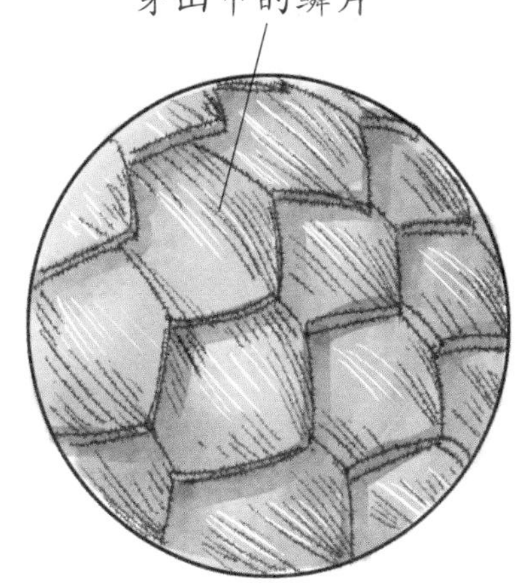

小贴士

穿山甲非常爱干净。每次大便前，它们都在距洞外一两米远的地方用前爪挖一个深坑，将粪便排入坑中以后，再用松软的土覆盖。

食蚁兽是怎么吃蚂蚁的？

小艺好奇地问爷爷："蚂蚁洞口那么小，食蚁兽是怎么吃到蚂蚁的呢？"爷爷笑着说："食蚁兽的嘴里面藏了一条长长的舌头，上面有黏液，像粘苍蝇的纸一样。发现蚁巢后，食蚁兽会用灵敏的鼻子判断出蚂蚁的位置，再用巨爪在蚁巢上挖一个洞，然后把长长的舌头伸入洞中，蚂蚁就被粘在舌头上了。"

小贴士

生活在美洲地区的大食蚁兽主要以蚂蚁和白蚁为食，它们尤其喜欢吃白蚁。大食蚁兽的食量很大，一天最多可吃3万只蚂蚁。

为什么说树懒很懒？

“树懒一定是因为很懒才叫这个名字的吧？”丹丹问道。奶奶告诉她：“答对了！树懒不喜欢活动，因为它们只吃树叶、嫩芽和果实等低能量的食物，为了节省能量，它们只能减少活动量。每周只有拉便便的时候，树懒才从树上下来，在地面上溜达一会儿。它们甚至可以挂在树上一个月不吃也不喝呢！”

小贴士

树袋熊和树懒都很懒。树袋熊一生的大部分时间都在桉树上度过。树懒生活在南美洲的热带雨林里，一生几乎不见阳光，它们很少下树，吃饱了就倒吊在树枝上睡懒觉，可以说是以树为家。

视力不好的蝙蝠为什么能在空中自由飞行？

甜甜问妈妈："蝙蝠视力不好，为什么还能飞来飞去呢？"妈妈说："蝙蝠飞行靠的不是眼睛。它们飞行时，嘴巴里会发出一种超声波。这种超声波一碰到障碍物就立刻反射回来，蝙蝠听到了，就会迅速作出反应，避开障碍物。所以，超声波才是蝙蝠在空中飞行的秘密武器。"

小贴士

科学家受蝙蝠飞行的启示发明了雷达。飞机里配备的雷达在夜航时，就像蝙蝠的嘴巴一样，能发出电波。有了雷达，飞机就能在夜里安全地飞行了。

蝙蝠把自己倒挂起来是为了好玩儿吗？

多多觉得蝙蝠把自己倒挂起来很好玩儿。爸爸告诉她：“蝙蝠的翅膀，就是翼膜，又宽又大。蝙蝠的前肢长，它们的后肢又小又短，而且和翼膜连在一起，它们不能站立或行走，只能伏在地上慢慢爬行。所以，只有挂在高高的树枝或岩石壁上，对它们来说才是最省力、最安全的。因为这样一旦遇到危险，它们就可以迅速飞走。倒挂已经成为它们的生活习性。”

小贴士

和鸟儿借助翅膀飞行不同，蝙蝠的飞行器是它们的翼膜——一种皮质、薄而坚韧的膜。蝙蝠也是少数几种会飞的哺乳动物之一。

为什么说河狸是“天才建筑师”？

“河狸很会造房子吗？怎么大家都说它们是‘天才建筑师’？”糖糖问。“是呀！河狸造房子的本领可高着呢！它们会用泥、石头、树干和小树枝在河流中围成堤坝，然后在堤坝里面建造房子。河狸建造的房子不仅结实精巧，而且宽敞通风。房子还会留前后两个门，一旦有敌害入侵，它们就可以从后门溜之大吉。”妈妈解释说。

小贴士

人们常喜欢用“河狸”一词来称赞那些辛勤工作的人。因为河狸是一种非常勤劳的动物，干起活来不知疲倦。

大熊猫只吃竹子吗？

“妈妈，大熊猫除了竹子还喜欢吃什么呢？”小迪问道。“大熊猫的食谱非常特殊，它们吃各种各样的竹子，最喜欢竹子中营养丰富但含纤维素最少的部分，即嫩茎、嫩芽和竹笋。不过，它们偶尔也会吃点儿肉，如某些动物的尸体、竹鼠等，解解馋。”妈妈回答道。

小贴士

大熊猫的消化和吸收能力较弱，竹叶的营养也很有限。所以，为了减少消耗，大熊猫总是寻找最近的食物和水源，一般不会跑很远。

为什么大熊猫是“国宝”？

老师告诉小朋友们大熊猫是国宝。萍萍好奇地问：“为什么呢？”“大熊猫是一种古老的动物，与它同时期的许多动物现在都灭绝了。如今大熊猫仅存1590只左右，大熊猫平均寿命约为15岁，但由于生育率低，大熊猫的数量日益减少，所以大熊猫被称为中国的‘国宝’。”老师解释道。

小贴士

大熊猫是中国特有的熊科动物，体色为黑白两色。现存的大熊猫仅产于中国四川的西部和北部、甘肃南部、陕西西南部等地。

小熊猫是大熊猫的孩子吗？

小川疑惑地问妈妈：“小熊猫和大熊猫是什么关系？它是大熊猫的孩子吗？”妈妈笑道：“小熊猫不是大熊猫的孩子。虽然它们的名字相近，但没有血缘关系。大熊猫长得比较大，样子像熊，身上的毛黑白分明，动作较慢，最爱吃竹子。而小熊猫的头像猫，毛茸茸的尾巴上有许多环纹，动作非常灵巧，属于杂食性动物。”

小贴士

小熊猫是小熊猫科动物，它是夜行性动物，生活在海拔1600～3800米的有混交林和竹林的高山斜坡上，大部分时间都在树上活动，通常在树洞中睡觉。小熊猫喜欢用自己那条蓬松多毛的尾巴当被子蒙头大睡。

猴子们是怎样选猴王的？

琪琪对爸爸说："快看！猴子们打起来啦！"爸爸笑道："那是它们在选猴王呢。年轻力壮的成年雄性猴子会在适当的时机向老猴王挑战。如果老猴王胜利了，那么这个挑战者就会被所有的猴子孤立，老猴王依旧是猴王；如果老猴王被打败，那么所有的猴子都会站到新猴王的一边，一起孤立老猴王。"

小贴士

野生猴大多数时间都是在树枝上摘果、睡觉、挠痒痒，因为森林中有太多凶猛的动物霸占着陆地，为了自身的安全，猴子们宁可选择在高高的树枝间活动。

为什么猴子的屁股都是红色的？

可可问奶奶：“猴子的屁股怎么都红红的？”奶奶回答说：“因为猴子的屁股上有丰富的毛细血管，而猴子平时又喜欢坐着，它们屁股上的毛发和石头、树枝等坚硬的物体摩擦后就会脱落，时间长了，毛细血管就会透过皮肤显现出红色。所以我们现在看到的猴子屁股都是红的。”

小贴士

猴子长长的尾巴不仅可以勾住树枝，帮助猴子摘取树上美味的果实，最重要的是它还可以让猴子保持身体平衡，即便猴子在树林中上蹿下跳，也不会掉到地上。

大猩猩为什么爱捶打自己的胸脯？

“那只大猩猩在干吗？”萌萌问。妈妈说：“大猩猩经常会用双手拼命地捶打自己的胸脯，还呼哧呼哧地大喘气。人们见到这副可怕的模样，往往会被吓坏。不过不用担心，只要你不惹它们，大猩猩是不会主动攻击人的。大猩猩这么做是在向对手显示自己的勇猛，吓唬对方呢。”

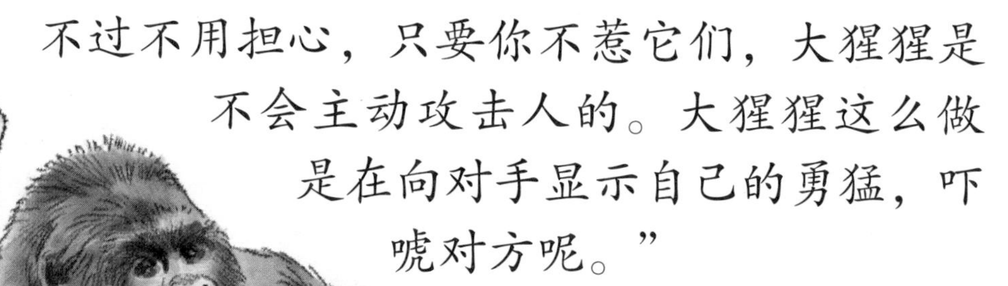

小贴士

有时候大猩猩会在有新同伴加入族群时捶胸，这是它们在举行欢迎仪式，表达对新同伴的友好。年老或者有地位的雄性大猩猩特别爱捶胸，它们这是在宣告自己的重要性，巩固自己在族群中的地位。年轻的雄性大猩猩还会用捶胸来吸引雌性大猩猩的注意。

为什么说岩羊是攀岩高手？

“岩羊竟然能在悬崖峭壁间行走自如，好厉害呀！”明明感叹道。爸爸说：“当然啦！为了生存，它们进化出了灵活、轻盈的身体和很好的平衡感与弹跳力，在悬崖峭壁上只要能放下一只蹄子，它们就能攀登上去。从下往上，岩羊一跳可达2～3米。如果从高处向下跳，它们纵身一跃十多米都很轻松呢。”

小贴士

岩羊喜欢群居，群体成员之间的感情很好。如果有的成员不幸死亡，其他成员常将尸体围住，不让兀鹫(jiù)等食腐动物叼走。

生活在寒冷高山地区的哺乳动物是怎样保暖的？

“爷爷，高原山区那么寒冷，生活在那里的动物是怎样保暖的呢？”阿布问。爷爷说：“它们大都有多重毛发，外层的长毛主要起保护身体、伪装和防水防雪的作用。内层厚厚的绒毛具有保暖效果。而盘羊、岩羊等，则会随着季节变化垂直迁徙：夏季它们在雪线下生活，冬季就会迁至低山、谷地。”

小贴士

高海拔地区空气稀薄，为了提高身体的运氧能力，许多高山哺乳动物血液中的红细胞密度很高，四肢很发达。

动物奇观

下图中的哺乳动物分别有哪些“绝活”呢？请你说一说吧！

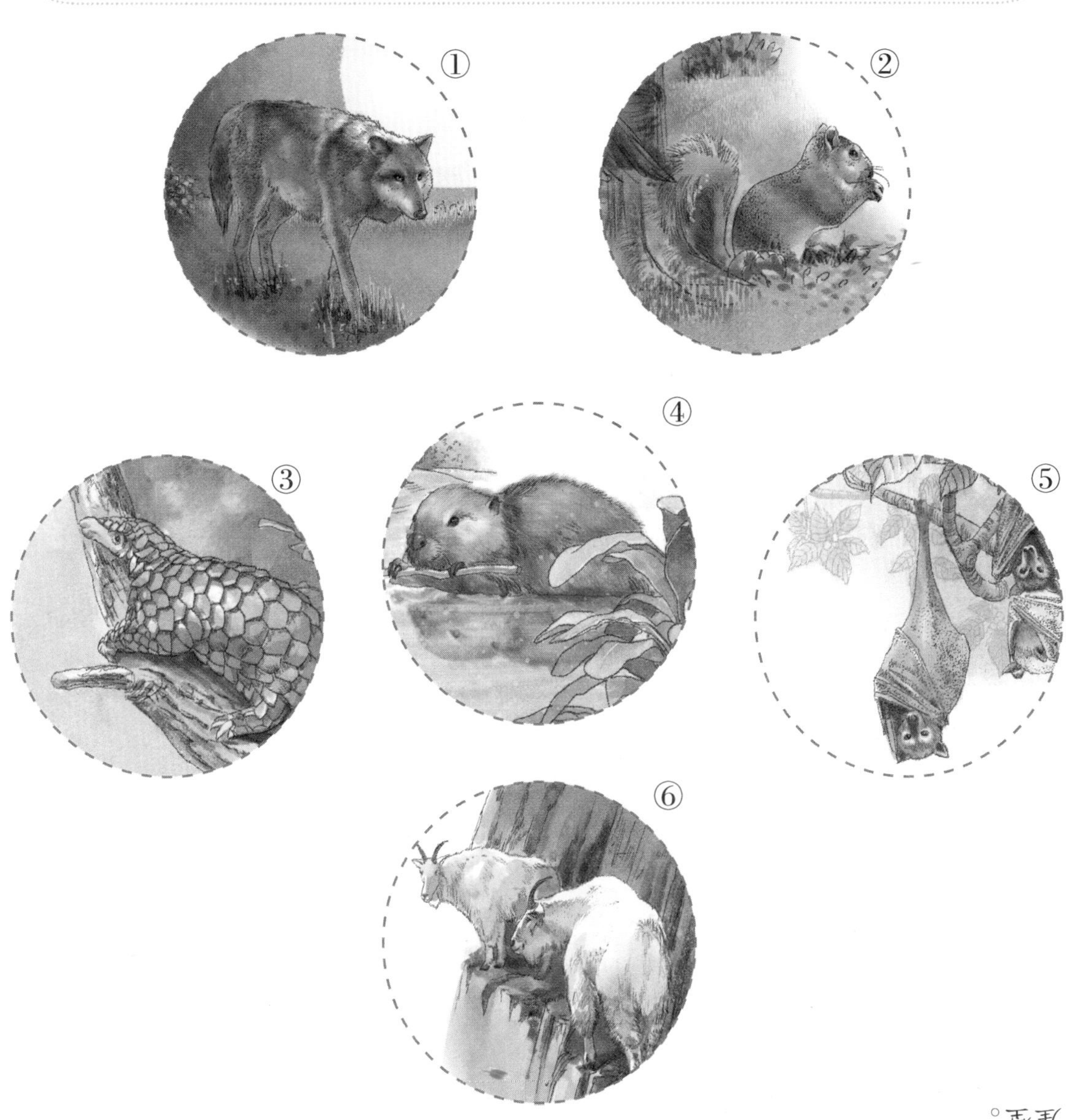

温馨提示：①狼的眼睛在夜里会放光，②松鼠在冬天来临前会储藏食物，③穿山甲穿山不会受伤，④河狸很会“建房子”，⑤蝙蝠会倒挂，⑥岩羊会攀爬陡峭的崖壁。

极地动物是如何度过漫长的极夜的？

每年南、北两极大约会连续六个月是白昼(zhòu)，六个月是黑夜。

生活在北极地区的北极狐有良好的夜视能力，它们不怕黑暗，又厚又密的皮毛能帮助它们抵御严寒，偶尔捡些北极熊吃剩的食物，它们也可以填饱肚子。

漫长的极夜里，北极熊妈妈会带着自己的宝宝在洞穴中度过。它们的洞穴一般都藏在厚厚的雪丘中。六个月漆黑而寒冷的冬天，它们只有窝在这厚厚的雪被之下，才能安全过冬。

为什么北极熊在光溜溜的冰上不会滑倒？

“爸爸，北极熊总是在冰上走来走去，它们不怕滑倒吗？”珍珍问。“因为北极熊不仅身上长满了厚厚的皮毛，就连脚掌上也长着厚厚的皮毛呢！就像穿了一双带毛的鞋子一样。这些皮毛可以增大和冰面之间的摩擦，帮助北极熊在冰上行走的时候不滑倒。”爸爸解释道。

脚掌上厚厚的皮毛

小贴士

北极熊有双层皮毛。外层是油性的针毛层，里层是厚实的绒毛层。这种双层结构，既能抵挡风雪，又能防止海水侵入。

为什么说北极熊是全球变暖的直接受害者之一？

老师告诉小朋友们："全球变暖使北极冰层逐渐融化，北极熊要爬上浮冰到很远很远的地方捕猎，如果回来没有浮冰了，就很容易被淹死；而北极气温不断升高，再加上北极熊的皮毛会将空气锁住，它们很可能因热量无法及时释放出来而被热死。所以说北极熊是全球变暖的直接受害者之一。"

小贴士

北极熊捕食海豹后，只食用海豹的脂肪，这些脂肪很纯净，对健康有益，还可预防心血管疾病，因此北极熊吃再多海豹油脂也不会胖。一般情况下，它们每隔四五天就要吃一只海豹，以维持健康。

为什么冬天的时候北极狐要跟踪北极熊？

小宇指着电视问爸爸："北极狐怎么总是跟着北极熊呢？"爸爸说："北极的冬天那么冷，北极狐很难找到食物。为了避免消耗过多的体力和能量，它们宁愿冒险跟在北极熊后面。因为聪明的北极狐知道，北极熊比自己更容易找到食物，等北极熊吃饱离开后，它们再去捡剩下的食物来吃。"

小贴士

北极狐的食物包括旅鼠、鱼、鸟类与鸟蛋、浆果和北极兔，有时它们也会捕捉贝类。

雪兔的毛为什么会变色？

“雪兔不是白色的吗？这只怎么是褐色的？”赫赫问道。奶奶告诉他：“夏季时雪兔的毛是褐色的，冬天才会变成白色。雪兔的毛变色，是为了适应生存环境。冬天时，又长又暖和的白毛能帮助雪兔抵御严寒，而且白毛能与冰雪环境融为一体，有利于它们在雪地里隐蔽而不被敌害发现。同理，褐色毛是夏天时雪兔保护自己的‘迷彩服’。”

小贴士

雪兔生活在寒冷地区，周围常常是冰雪世界。为了能够隐蔽一些，躲避天敌，雪兔的毛色总是随着季节改变，雪兔因此又被称为“变色兔”。

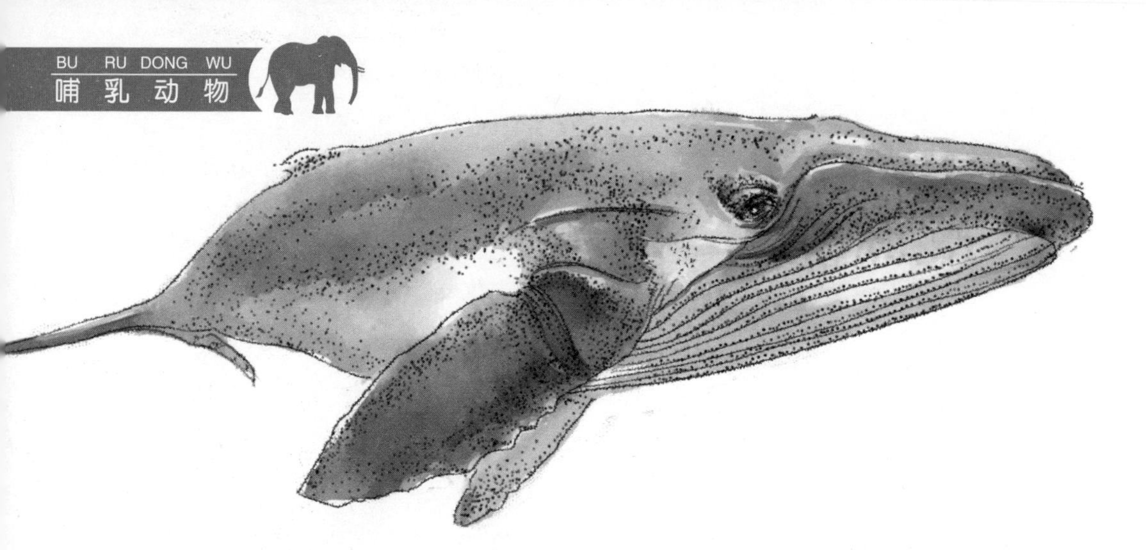

哺乳动物可以生活在海里吗？

“海里有没有哺乳动物？”畅畅疑惑地问。妈妈告诉她：“哺乳动物的适应能力很强，从高山到海洋，从赤道到极地，都能见到它们的身影。海洋中也生活着不少哺乳动物。它们中有的终生待在海里，如海豚、鲸和海牛；有的生活在离岸边不远的海水中，有时会在岸上待一段时间，如海豹、海狮和海象等。”

小贴士

鲸类动物的祖先原来也是在陆地上用四肢行走的动物，后来由于被水中的鱼类等食物所吸引，经过漫长的岁月，就从陆地回到了海洋，并逐渐适应了海洋生活。

海狮为什么会顶球？

明明问妈妈：“海狮也像我一样，从小就爱玩球吗？”“当然不是啦！海狮是一种十分聪明的海兽。经驯养师训练之后，它们能表演顶球、倒立行走等节目，还能练就跳越距水面1.5米高的绳索等技艺呢！”妈妈笑着解释道。

小贴士

虽然海狮顶球的本领是人们训练出来的，但是海狮天生有着高超的潜水本领。人们常训练它们来完成一些潜水员也无法完成的潜水任务。

海獭为什么要用海藻将自己的身体缠住？

“糟糕！那只海獭(tǎ)被海藻缠住了！”丢丢担心地说。妈妈解释道：“不用担心，那是海獭自己缠的！海獭用海藻缠住身体或直接平躺在海藻上，这样可以防止自己被海水冲走。海獭还有个很有趣的习惯，就是睡觉时喜欢相互牵着手，这样做是为了防止同伴被海水冲走。”

小贴士

海獭非常聪明，会使用工具来吃东西。它们在海底捕获蚌(bàng)、龙虾等猎物后，通常会携带一块石头到海面，将石头放在肚皮上当砧板来敲开海胆与贝类的硬壳。

海獭总是在梳理皮毛，它们很爱打扮吗？

“海獭真爱臭美，它们总是在梳理皮毛。”京京说。妈妈解释道：“你可误会海獭了。海獭不像海豹有厚厚的皮下脂肪可以保暖，皮毛是海獭的保暖外套。如果皮毛乱蓬蓬的，或者沾上脏东西，海水就会直接浸透它们的皮肤，使身体里的热量散失掉，海獭就会被冻死。所以，海獭梳理皮毛，其实是为了生存。”

小贴士

海獭擅长潜水，经常潜到水下3～10米处活动，有时甚至潜到50米深的海底寻找食物。它们几乎不到陆地上活动，但也不远离海岸。

海豚真的会救人吗？

“电视里说海豚救了一位落入海中的人，这是真的吗？”冬冬问爸爸。爸爸回答道：“媒体上经常有海豚救人的报道，但将溺水的人推到浅水边，其实是海豚的一种本能反应——泅水反射。科学家研究发现，几乎所有在水中不积极运动的物体，都会引起海豚的注意，并成为它们‘救援’的对象。有人做过试验，当面前飘过死海龟、厚木板等物体时，海豚也会进行‘救援’。”

小贴士

人们利用海豚泅水反射的本能，训练它们打捞沉入海底的物品、给水下的工作人员送信。人们还训练海豚打乒乓球、钻火圈呢！

海豚为什么喜欢追着轮船游来游去？

“海豚想要玩救生圈吗？它们怎么追着轮船游来游去的？”小柔好奇地问。爸爸告诉她：“船在航行过程中，船体周围会形成一个压力圈，周围会产生许多压力波和压力流，海豚沿着这些压力波和压力流游动，可以大大节省体力。因此，海豚特别喜欢跟在轮船后面。”

小贴士

海豚大脑两半球是交替睡眠的，如遇到强烈的外界刺激，睡眠的脑半球会迅速醒来，以便应付紧急情况。

海豹是怎样在光线昏暗的水下找到食物的？

幽幽问妈妈：“海底那么黑，海豹是怎么找到食物的？”妈妈说：“海豹长长的胡须非常敏感，可以通过对水流的细微感知找到食物，而且海豹胡须的结构十分精密，能够探测到直径约 180 米范围内的物体呢！”

小贴士

海豹没有腿，只有鳍（qí）状肢，而后肢已经退化得很短小了，在陆地上根本派不上用场。所以，它们在冰面上行走时，只能依靠前肢拖动后肢，歪歪扭扭地移动。

海豹生活在冰天雪地里，为什么不怕冷？

“海豹在冰天雪地里生活，它们不怕冷吗？”团团问道。爸爸说：“不怕呀！因为它们有高超的御寒本领。它们的皮可以防水，皮下还有厚厚的脂肪可以保暖。天气冷时，海豹就躲在冰层下温暖的海水中，所以再寒冷的地方它们也能生存啊。”

通过“天窗”透气的海豹

小贴士

海豹和鲸一样是用肺呼吸的。在寒冷的冬天，为了更好地到冰面上换气，它们会用尖利的牙齿在冰层上凿出一个个“天窗”，把头探出天窗换气，这样才不会被憋死。

海象的皮肤为什么会变色？

爸爸说海象的皮肤会变色，琳琳很好奇。爸爸解释说：“海象在海水中活动时，皮肤是灰褐色的，但它们离开海水一段时间后，血液循环会加快，血管因此逐渐扩张，皮肤就会由灰褐色变成红色了。”

小贴士

海象主要生活在北冰洋海域，由于海象可做短途旅行，所以在太平洋和大西洋也能看到它们的身影。海象在自然界的天敌很少，据资料记载，能捕杀海象的只有人类、北极熊和虎鲸。

海象的长牙是做什么用的？

“快看！海象也有和大象一样的长牙呢！”小智指着海象的长牙说。一旁的爷爷说：“是呀，海象的长牙不仅是它们自卫的武器，还是用来掘取海底泥沙中的蚌蛤、虾、蟹等食物的工具。当海象攀登浮冰时，那长牙比我们人类的冰镐还好用呢！”

小贴士

海象常常潜入海底，把长牙插入泥沙中，刨出一条沟，然后捡拾翻出来的虾、蟹等食物来吃。它们通常一顿要吃几十千克的东西，才能填饱大大的胃。

鲸为什么要喷水？

苏苏拉着妈妈说：“快看，鲸在表演喷水呢！”妈妈笑着说：“我们所看到的鲸喷水，其实是它们在做深呼吸。鲸的鼻孔长在头顶两眼中间，当鲸从海底浮到海面换气时，它们肺部强大的气流会冲出鼻孔，将鼻孔上方的海水喷出来，于是海面上就会出现高高的水柱了。”

小贴士

鲸的种类不同，喷出的水柱的高度、形状和大小也不同。因此，人们不但能根据喷出的水柱发现鲸，还能辨别鲸的种类和大小。

鲸为什么不是鱼？

水族馆里的讲解员正在为参观者们讲解鲸的秘密：“鲸虽然长得和鱼相似，但并不是鱼，而是地地道道的哺乳动物。鱼用腮呼吸，而鲸是用肺呼吸的；鱼是卵生的，而鲸是胎生的；鱼的体温会随环境变化而变化，但鲸的体温恒定；鱼类一般都长着鳞片，而鲸皮肤光滑，没有鳞片。所以鲸不是鱼。”

小贴士

鲸的祖先从陆地迁居到水中生活后，尾巴退化成鳍。在水里游动时，鲸的尾鳍不是像鱼那样左右摆动，而是上下摆动。

鲸都很大吗？

“鲸是不是都长得很大呀？”冰冰问妈妈。妈妈解释说：“鲸是体型巨大的海洋哺乳动物。比如体形巨大的蓝鲸，身长超过33米，体重达200吨以上；座头鲸、抹香鲸等身长均超过10米。然而，在南美洲生活的鼠海豚以及生活在中国长江的江豚等，则属于鲸类家族中的小个子，它们身长都不超过2米。”

小贴士

鲸的眼睛小，没有泪腺和视网膜，视力差。鲸还没有外耳廓，外耳道也很细。但它们的听觉却十分灵敏，而且能感受超声波。它们靠回声定位来寻找食物、联系同伴和躲避敌害。

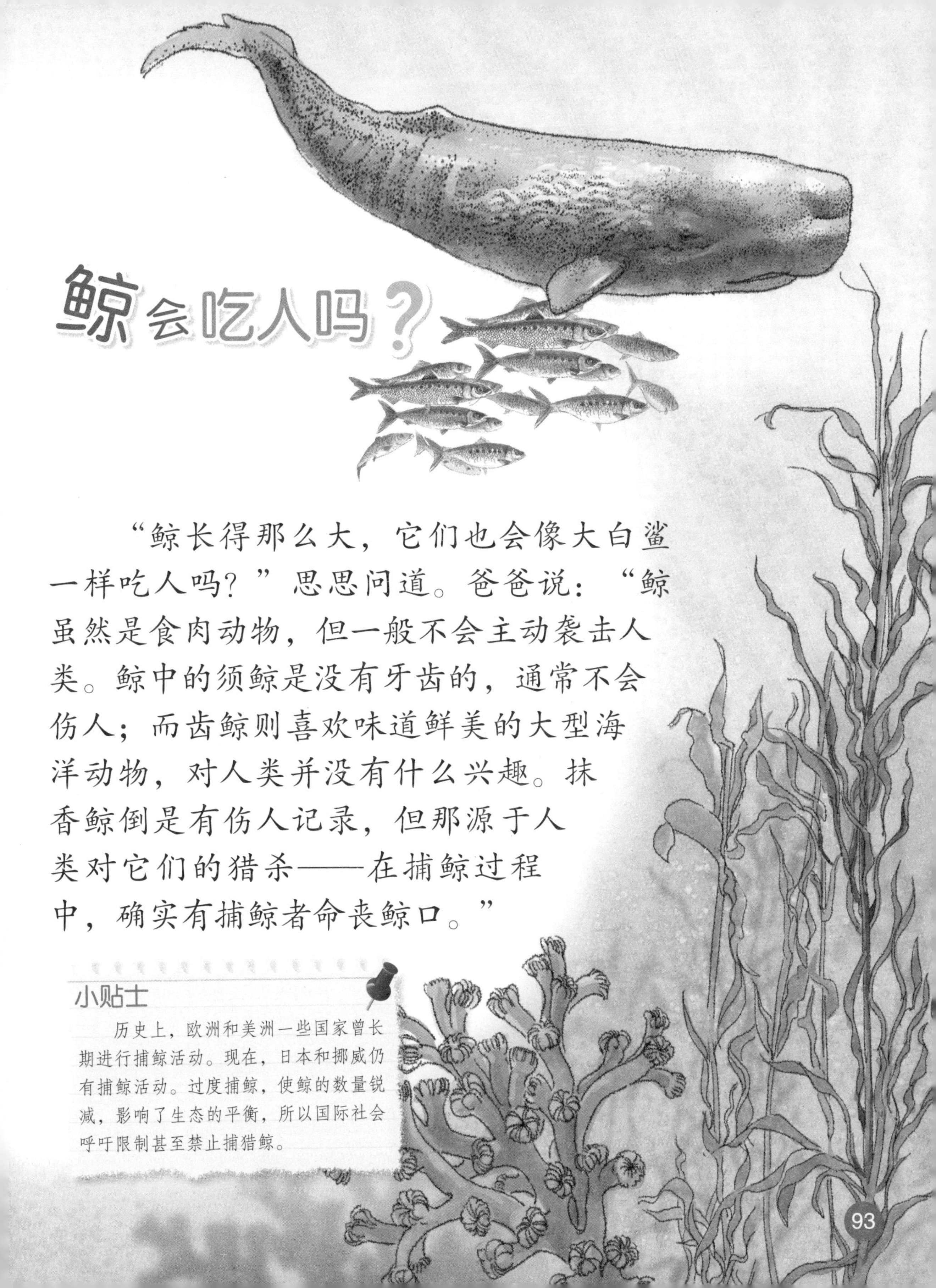

鲸会吃人吗？

“鲸长得那么大，它们也会像大白鲨一样吃人吗？”思思问道。爸爸说：“鲸虽然是食肉动物，但一般不会主动袭击人类。鲸中的须鲸是没有牙齿的，通常不会伤人；而齿鲸则喜欢味道鲜美的大型海洋动物，对人类并没有什么兴趣。抹香鲸倒是有伤人记录，但那源于人类对它们的猎杀——在捕鲸过程中，确实有捕鲸者命丧鲸口。”

小贴士

历史上，欧洲和美洲一些国家曾长期进行捕鲸活动。现在，日本和挪威仍有捕鲸活动。过度捕鲸，使鲸的数量锐减，影响了生态的平衡，所以国际社会呼吁限制甚至禁止捕猎鲸。

美人鱼真的存在吗？

睡前小蝶问妈妈："世界上真的有美人鱼吗？"妈妈笑着说："在海洋中，生活着一种叫儒艮(gèn)的哺乳动物。儒艮妈妈生了小宝宝之后会像人类一样把宝宝抱在怀中喂奶。月夜，当儒艮只将上半身伸出水面时，从远处看，月光下的它们就像浮在水面上的人类一样。由此，人们才展开了对美人鱼的各种想象。"

小贴士

儒艮以海草为食，每隔半个小时左右要出水换气，有时头上偶尔会披着海草，所以被人们描绘为"长发的美女"。

濒临灭绝的哺乳动物有哪些？

老师提问："谁知道濒临灭绝的哺乳动物有哪些？"飘飘抢答道："大熊猫、小熊猫和黑猩猩！"岩岩补充说："蓝鲸、雪豹和亚洲象！"老师笑着说道："除了它们，还有很多哺乳动物正濒临灭绝，如犀牛、海獭、中美貘、藏羚羊、黑足鼬(yòu)、麋(mí)鹿、东北虎、黑长臂猿、僧海豹、树袋熊等。"

小贴士

濒危物种，是指由于物种自身的原因或受到人类活动及自然灾害的影响，而导致其野生种群在不久的将来面临灭绝危险的物种。人类活动造成的环境变化，是导致一些物种陷入濒危境地的主要原因。

动物奇观

下图中的哺乳动物有哪些本领呢？说给爸爸妈妈听一听吧！

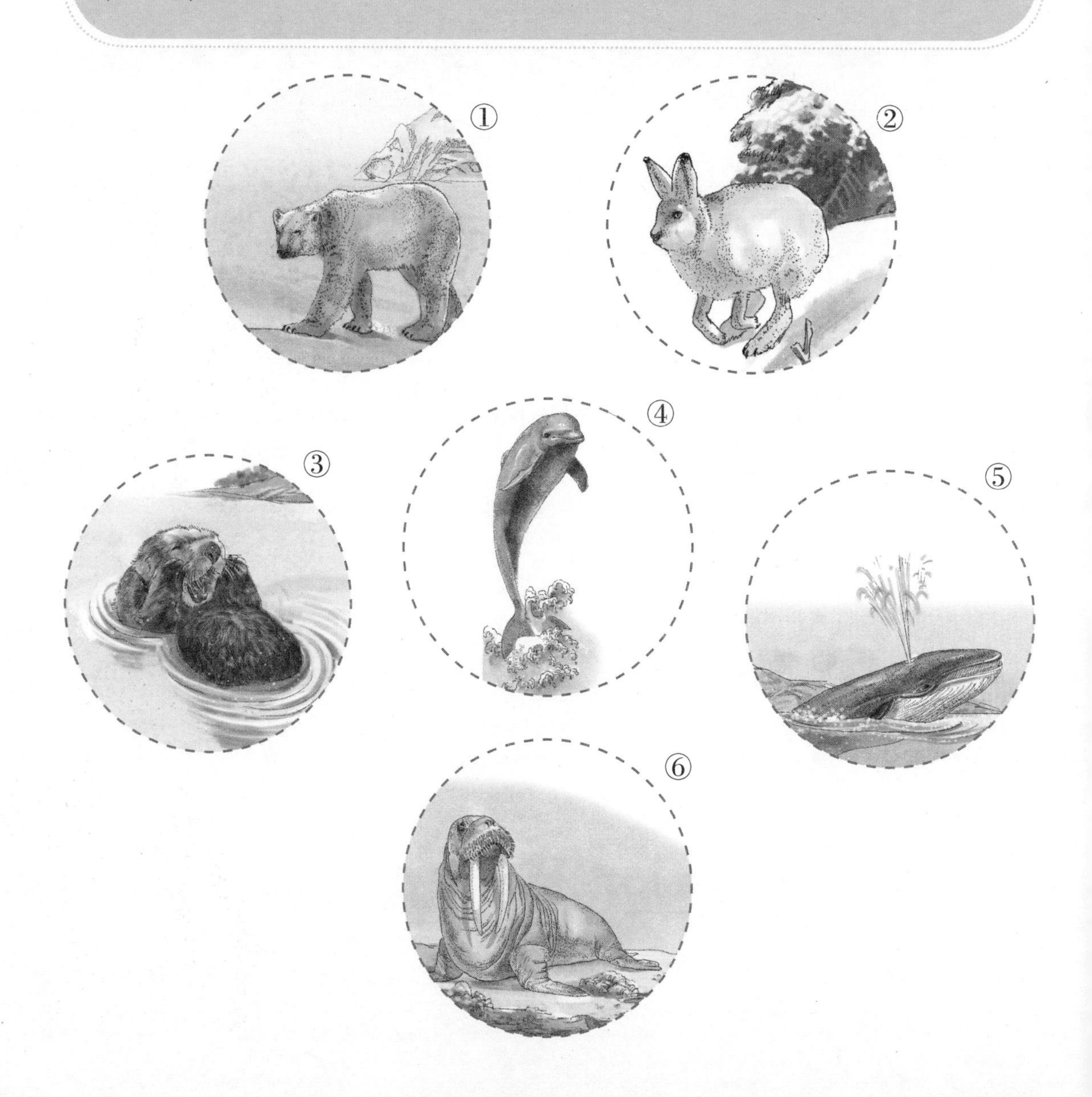

温馨提示：①北极熊可以在冰上行走，②雪兔的毛会变色，③海獭会梳理皮毛，④海豚会救人，⑤鲸会喷水，⑥海象的皮肤会变色。